爱上曲奇
Love Cookies

方芍尧 编著

辽宁科学技术出版社
沈 阳

突破传统是否真的不容易？

阳光穿破纱窗，柔风轻抚睡容，突然一阵急促的电话铃声，打破了夜的寂静，万般无奈地爬到电话旁，接听电话，原来是不通情理的编辑小姐的来电，她说在睡梦中想出一个新选题，非常适合我的性格，就是以和风为主的曲奇，并要求这本书的曲奇不能太传统、要有创意而且是年轻人喜爱的、薄薄的，造型要独特，还要有花式，话一说完，就把电话一收，嘟……嘟！她也不理会我的感受和回应，便自顾自的拿了决定。睡虫全醒了，我便无可奈何地接下了这个任务，爬到案桌上拿笔直书。

在创作过程中，我参考了不少书籍，浏览市面上的各类曲奇和许多超级市场的货架，增加做饼的灵感。在不断试验的情况下，有如科学家做实验，失败了再尝试，尝试了再失败，深深地体会了什么是屡败屡战，屡战屡败的挫折感觉，更体会到了挫败如何能伤人于无形及让人沮丧。永不言败是我的座右铭，那么，这次是否真的要认输呢？不会，人生的挫折只会挑起我的个人潜能，让它更强壮更具爆炸力。

拍摄当日，我显得踌躇满志，深信多日来的试练，应该会很顺利地完成此书。不过，当第一天拍摄完毕时，摄影哥哥轻描淡写地投下一语，"曲奇的样子平平无奇，造型欠变化，没有分别，请再次想想如何让它有生命和突破曲奇的框框。"这一语令自己震惊、无奈而进入迷失世界（究竟在哪一处出错了？）

如此过了两天，为了抹去心中的不快，增加创意灵感，于是决定到日本寻回迷失了的自己。短短数天的日本之旅，除了寻回了自我，增强了信心，还令我明白了摄影师的忠告，于是把以往的稿子毁掉，忘掉传统曲奇给我的思想框框，把一些天马行空的大胆想法付诸行动，奇迹出现了，在往后的数天中拍摄过程很是顺利。

原来只要有胆把正常和正统的框框移去，根据基本理念（准确材料比例的方程式），加点个人见解，并留意身边的生活细节，创新已经不是问题了。传统是否不好？创新是否有歪正道？这些似是而非的道理没有正确的答案。只是个人能否跳出自画的框框。跳得出，你可以看高一点；跳不出，只能坐井观天，要当"人中龙"或是"井中蛙"全凭一己之念吧！突破传统容易与否，全在你的手中，也不是唯一的答案，只要是好便可以了。

每编写一本食谱，便是向自己下的一封挑战书，不希望自己的脑袋停顿和生锈，只有不断创作，才能保持高素质的创意灵感。认定个人创作方向，才能突破自己设下的障碍，不会陷入死胡同。请不要为了一些无形又无聊的框架裹足不前，释放你的创意，突破一些守旧的传统吧！

方芍尧
写于深秋的晚上

Contents 目录

094 特色曲奇

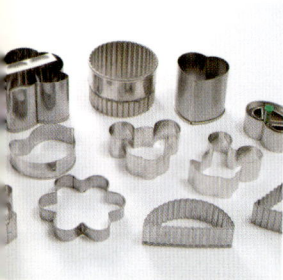

烘烤曲奇的预备课（认识工具和材料）

制作甜点的第一步，便是从烘烤曲奇开始。认识你的必备工具和材料，可以降低制作时的失误率，增加成功率，为你展开烘焙曲奇的第一课，迈向成功。

工具认识 Knowledge of Utensils

在厨房里，必须设有烘焙工具百宝箱，把一些基本用具放在一起，方便随时大显身手。究竟应该有什么工具呢？请看看以下的介绍。

① 电子秤：量度重量的电子仪器。

② 量　杯：量取液体。

③ 量　匙：量取微量材料。

④ 筛：将粉状材料过滤，隔出杂质。

⑤ 打蛋器：可用做打鸡蛋、奶油和混合原料之用。

⑥ 橡皮刮刀：主要将面糊、奶油从搅拌盆刮出或与其他物料混合。

⑦ 擀面杖：用做压薄面团。

⑧ 挤花袋：盛载已混合材料的面糊。

⑨ 挤　嘴：面糊放在挤花袋后，用来挤出不同的形状或花纹。

⑩ 冷却铁架：冷却出炉后的烘焙产品。

⑪ 各式挤饼模：把面皮挤出不同的形状。

⑫ 手提挤曲奇枪及饼印配件：可取代挤花袋，挤出不同形状或花纹的曲奇。

⑪
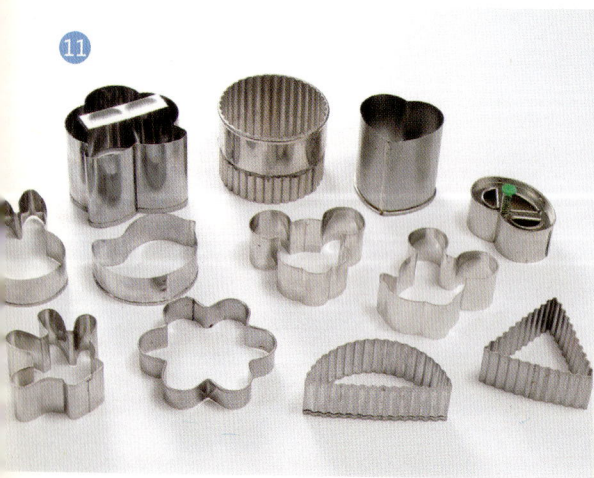

⑫
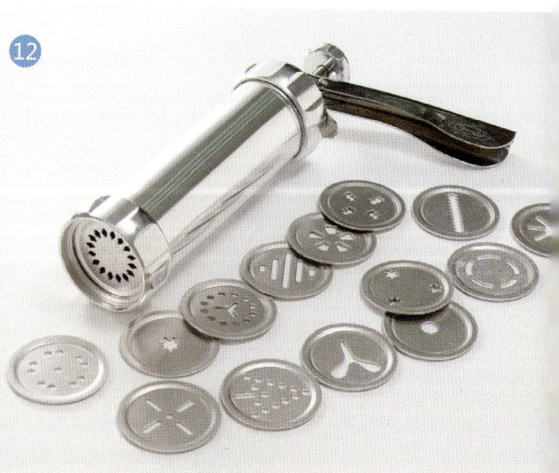

材料介绍 Introduction of Ingredients

各位新手，开始做曲奇时，应该先认识一些必备材料，再弄清楚可被利用的材料的特质，独一无二的曲奇，只有你才可做得到哦！

（一）基本用料 Basic Ingredients

❶ **高筋面粉**：粗蛋白质含量为11.5%~14%，吸水率达60%~64%，筋性较强，可令烘烤后曲奇松脆。

❷ **奶　粉**：它是干燥后的乳制品，分有全脂，低脂和脱脂三种，可增加制品的奶（乳）香味。

❸ **糖　粉**：比一般沙糖细滑，可迅速溶于水中，适合做蛋白甜饼或冷冻的甜品。

❹ **全麦粉**：由全麦磨制而成，含有麦胚、高纤维、营养和脂肪，能增加制品的麦香和口感。

❺ **低筋面粉**：任意谷物研磨而成的细粉末，含粗蛋白质约8.5%，吸水率为50%~53%，分有漂白和不漂白两大类。

❻ **糖　霜**：成品含粟粉，品质洁白细滑，适合做曲奇和饼面装饰。

❼ **牛　油**：它是动物性油脂的一种，分有含盐和不含盐两种。它由牛奶（牛乳）搅拌至产生泡沫状，当其达到半凝固状态时，便是牛油。一般的牛油成分约80%是牛油，其余的20%为水和奶固体。

❽ **鸡　蛋**：鸡蛋结构分蛋白和蛋黄，前者能令制品膨胀，后者则可添加制品的香味。

❾ **奶油奶酪**：奶酪的一种，利用牛奶提炼而成，属软绵带酸的奶酪。

❶ **猪排咖喱粉**：咖喱粉的一种，含黄姜粉、咖喱粉、辣椒粉、大茴香和小茴香等香料，味道香浓。

❷ **五味粉**：含五种不同香料的日本调味料。

❸ **黑椒粉**：研磨后的胡椒碎。

❹ **黑胡椒粒**：原料成熟的胡椒粒，呈黑色，香味浓郁。

❺ **话梅粉**：糖渍梅子研磨成粉末状。

❻ **七味粉**：一种以辣椒为主要材料的调味料，由七种不同颜色的调味料配制而成。

❼ **蟹仔干**：属于淡水小蟹，经加工处理而成的略带甜味的零食小吃。

❽ **干椒丝**：干燥后的辣椒丝，色泽暗红，香味浓而不辣。

❾ **虾 干**：干燥后的小虾，味道香浓。

❿ **日本豆腐干**：脱水后的豆腐粒。

⓫ **鱼仔干**：干燥后的小鱼干，质感香脆，味道鲜而不咸。

⓬ **罂粟子**：它是细小、干身和直径约2.5毫米的灰蓝色种子，质感粗而含有丰富坚果的味道。可用做蛋糕馅料、酥点和咖啡蛋糕的饼面装饰，特别适用于烹饪，源自欧洲、中东和印度的菜式。

⓭ **椰子粉**：用椰子研磨而成的粉末状，含丰富的椰油，使用时与清水拌匀便可。

⓮ **芝麻粉**：用芝麻研磨成粉末状，味道浓烈。

⓯ **海苔粉**：即成海苔剪成的幼细小片状。

⓰ **培根干**：将培根烘焙成薄脆状，肉味浓郁呈鲜红色。

⓱ **榛子粉**：将榛子研磨成粉末状。

（三）百搭用料 Widely Used Ingredients

❶ 核 桃：含丰富的坚果油，甜美松脆，可作装饰之用。

❷ 腰 果：产于印度的果仁，状如腰形，含浓香果仁味道。

❸ 开心果：果仁细小，外层被一层紫红色包裹着，果肉呈绿色。

❹ 杏仁粉：研磨成粉末状，含浓香的杏仁油味道。

❺ 南瓜子：南瓜种子去壳后，干燥而成的一种果仁。

❻ 花 生：属地下果实，含丰富油脂，烘焙后会发出独特的香味。

❼ 无花果干：盛产于中东，干燥后的干果味道集中。

❽ 玫瑰花瓣干：欧洲品种的玫瑰花瓣干，味道清香。

❾ 香蕉干：脱水的香蕉片，味道集中而香味浓郁。

❿ 枸杞子：枸杞的种子，呈鲜红色带果香味道。

⓫ 榴莲干：有果皇之称，味道浓烈，果肉香甜，脱水而成的水果片。

⓬ 菠萝干：脱水的菠萝片，味道清甜带浓郁香味，属百搭材料。

（四）增强香味和色泽的用料 Ingredients for enhancing the smell and color

❶ 日本红豆腐：用日本红豆经特别加工而成，色泽鲜红，甜度很高的馅料。

❷ 蓝莓酱：用蓝莓加糖煮成的浓稠果酱，味道浓烈，可作馅料，饼面装饰和夹饼点吃用。

❸ 榛子酱：色泽呈棕褐色，油分含量高且味道浓烈，质感浓厚。

❹ 黑糖浆：色泽深黑，甜度不高，却含有香浓的蔗糖和焦糖味道。

❺ 蜜桃酱：用蜜桃和糖煮熬而成，颜色美丽，含丰富蜜桃香味。

❻ 栗子蓉：质感幼滑糯软，味道浓香，是西点的常用馅料。

烘烤曲奇的基础课（制作基本技巧）

准备工作 Preparation

① 烘烤曲奇前先把牛油放软。

② 烘焙前，先把粉类材料分别过筛（除去杂质或让粉料变得松散），然后放在一起混合过筛。这样，制品的品质和效果会更好。

面团制作 Dough Making

本书的曲奇面团大致分为以下四类，由于质感不同，烘烤后的制品效果也有所分别。

（Ⅰ）软性面团：质感柔软，因为用了全蛋，所以面团含水分比较多。

比例建议

牛油与糖（1:1）

使用方法

通常挤花嘴或汤匙直接放不粘布或焗饼纸。

图解示范

1 牛油用抹刀压至软身。

2 筛入糖粉。

3 把牛油和糖搅至完全混合和转成奶白色。

4 加入蛋液。

5 倒入面粉拌匀。

6 把面团放入挤曲奇枪内，挤出图案。

（Ⅱ）软中带硬面团：质感软硬适中，面团含浓郁牛油味。

比例建议
牛油与糖（2:1）

使用方法
一般挤花或搓成圆球。

图解示范
1　牛油放入器皿内压至软身。
2　筛入糖粉。
3　加入鸡蛋。
4　把蛋液与牛油搅至完全混合。
5　筛入面粉。
6　揉成完全没有粉粒的光滑面团。
7　把面团分成小份，搓圆。
8　做成喜爱的形状。

（Ⅲ）硬性面团：质感硬实，只用了蛋黄，所以面团含水分较少，容易搓成粉团。

比例建议
牛油与糖（1:1）

使用方法
一般会把面团放入冰箱使之硬实，取出压模。

图解示范
1　把牛油压软。
2　加入糖粉。
3　再加入蛋液。
4　倒入面粉。

调味 曲奇
Seasoning Cookies

温暖的阳光，柔柔的清风，淡淡的茶香，夹杂着随风而来的甜蜜曲奇香味，像是向我们的感官挑战，看看能否认出它们的独特味道呢？

COOKIES 调味曲奇

创意物语 梅子是日本人的传统食物之一，现在把酸酸甜甜的话梅混入曲奇内，烘焙后能发出淡淡的幽香，吸引食客垂涎。

材料 Ingredients

牛油60克

黑糖酱30克

蛋黄1个

低筋面粉100克

话梅粉5克

■ 份量：15~20块　　　　　　　　　**SERVING**

■ 制作方法 ▶ ▶ ▶　　　　　　　　**METHOD**

① 将牛油放在室温中至软化，与黑糖酱搅匀，加入蛋黄液拌匀。

② 将低筋面粉、话梅粉筛匀，拌入①中，搓成粉团。

③ 将粉团放入挤花袋和挤曲奇枪内，挤在已垫牛油纸的焗盘上，挤出饼形。

④ 将焗盘放入焗炉上，用170℃焗15~20分钟。

话梅曲奇
Cookies in Sweet Preserved Plum Flavor

芥末曲奇

Wasabi Cookies

COOKIES
调味曲奇

创意物语 "芥末"令人想起吃鱼生，用做曲奇材料，刺鼻和辛辣的感觉与其他材料配合，原来会产生另一种意想不到的感觉。

材料
Ingredients

牛油70克

糖粉60克

蛋1/2个

低筋面粉55克

高筋面粉55克

泡打粉1/8茶匙

苏打粉1/8茶匙

芥末酱2茶匙

■ 份量：20~25块　　　　　　　　**SERVING**

■ 制作方法 ▶ ▶ ▶　　　　　　　　**METHOD**

① 把牛油放在室温中至软化，与糖粉打至松软变白。

② 加入蛋液拌匀。

③ 将低筋面粉、高筋面粉、泡打粉、苏打粉筛匀，拌入②中，搅匀。

④ 最后加入芥末酱，搓匀，放在牛油纸上，用擀面杖碾成0.5厘米厚，放入冰箱内，冷冻30分钟至硬身。

⑤ 用模具制成梅花形，在中央再挤上少许芥末酱，用170℃焗15～20分钟。

七味烟肉曲奇

Cookies in Seven Spicy and Bacon Flavor

COOKIES 调味曲奇

创意物语 7种不同的香料混合而成的调味料，混入曲奇中，向敏感的味蕾挑战，看看你能否辨认出香料的不同味道呢？

材料 Ingredients

牛油80克

糖40克

蛋1/2个

低筋面粉70克

高筋面粉50克

烟肉粒10克

七味粉4克

苏打粉1/4茶匙

■ 份量：25~30块 **SERVING**

■ 制作方法 ▶ ▶ ▶ **METHOD**

① 将牛油放在室温中至软化，与糖拌匀，加入蛋液拌匀。

② 将低筋面粉、高筋面粉、苏打粉和七味粉一同筛匀、拌入①中。

③ 再加入烟肉粒，搓成粉团。

④ 搓成长条形，放入已预热的焗炉，用170℃焗烤8~12分钟。

五味曲奇

Cookies in 'Five Spicy' Flavor

创意物语 日本人爱在饭团上加上五味粉，这样可令饭团更可口，色彩也会更鲜艳。在曲奇饼上加上这种调味粉，也有想不到的效果。

材料
Ingredients

牛油50克

蜜糖50克

蛋黄1/2个

低筋面粉50克

高筋面粉50克

奶粉10克

泡打粉1/4茶匙

苏打粉1/4茶匙

五味粉2小包

■ 份量：25~30块　　　　SERVING

■ 制作方法 ▶ ▶ ▶　　　　METHOD

① 将牛油放在室温中至软化，与蜜糖拌匀，加入蛋黄液拌匀。

② 将低筋面粉、高筋面粉、奶粉、泡打粉、苏打粉一同筛匀、拌入①中，搓成粉团。

③ 分成每个重10克粉团，然后用手搓成两边尖，中间为粗壮的形状，两头对折。

④ 沾上五味粉，放在焗盘上用170℃焗烤10~15分钟。

咖喱南瓜曲奇

Curry Pumpkin Cookies

COOKIES
调味曲奇

创意物语 南瓜比较糯软香甜，与咖喱粉搭配倒也一绝，咖喱粉可随个人喜好而增减。

材料
Ingredients

牛油60克

糖粉30克

蛋黄1个

南瓜蓉60克

低筋面粉120克

咖喱粉10克

■ 份量：20~25块　　　　　　　SERVING

■ 制作方法 ▶ ▶ ▶　　　　　　METHOD

① 将牛油放在室温中至软化，与糖粉打至松软变白，加入蛋黄液拌匀。

② 将南瓜蓉，加入①中拌匀。

③ 将低筋面粉和咖喱粉筛匀，拌入②中，搓成粉团。

④ 焗盘垫上牛油纸，将粉团放入挤花袋或挤曲奇枪内挤出喜欢的形状。

⑤ 把饼放入焗炉，用170℃焗烤15~20分钟。

咖喱薯仔曲奇

Curry Potato Cookies

创意物语 薯片是大家常吃的零食，改用来做曲奇也有异曲同工之妙。

材料 Ingredients

牛油70克

糖粉50克

蛋清10克

熟蛋黄2个

薯仔100克

低筋面粉80克

高筋面粉20克

苏打粉1/4茶匙

咖喱粉10克

■ 份量：25~30块　　　　SERVING

■ 制作方法 ▶ ▶ ▶　　　　METHOD

① 将牛油放在室温中至软化，与糖粉打至松软变白，加入蛋清液拌匀。

② 将已熟的蛋黄和薯仔分别压成泥，再分别加入①中拌匀。

③ 把低筋面粉、高筋面粉和苏打粉筛匀，拌入②中，搓匀，再加入咖喱粉搓成粉团。

④ 将粉团用牛油纸卷成圆柱体，放入冰箱冷冻2小时后，取出切片。

⑤ 放在已垫牛油纸的焗盘上，用170℃焗烤15~20分钟。

香蒜曲奇

Carlic Cookies

创意物语 蒜头切碎后加入少许生油浸片刻，这样蒜头颜色才不会变黄。

■ 份量：25~30块   SERVING

■ 制作方法 ▶ ▶ ▶   METHOD

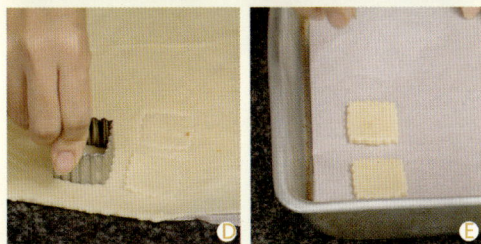

材料
Ingredients

牛油60克

糖粉35克

蛋黄1/2个

蒜蓉2汤匙

生油10克

低筋面粉75克

高筋面粉50克

苏打粉1/4茶匙

① 将蒜头切碎后用生油拌匀，备用。

② 将牛油放在室温中至软化，与糖粉打至松软变白，加入蛋黄液
  拌匀，再加入蒜蓉搅匀。

③ 把低筋面粉、高筋面粉、苏打粉筛匀，拌入②中，搓成粉团。

④ 放在牛油纸上，用擀面杖碾成0.5厘米厚，放入冰箱冷冻30分钟
  后取出备用。

⑤ 挤出花形，用叉子在饼面上刺上小孔，放在已垫牛油纸的焗盘
  上，用170℃焗15~20分钟。

黑椒鱼仔曲奇

Pepper and Fish Cookies

创意物语 黑椒粉可降低鱼仔的腥味，并可带出鱼仔的鲜味。

■ 份量：25~30块

SERVING

■ 制作方法 ▶ ▶ ▶

METHOD

材料
Ingredients

牛油70克

糖50克

蛋1/2个

低筋面粉30克

高筋面粉100克

黑椒粉适量

鱼仔干30克

苏打粉1/4茶匙

盐少许

① 将牛油放在室温中至软化，与糖打至松软变白，加入蛋液拌匀。

② 将低筋面粉、高筋面粉、苏打粉和盐筛匀，拌入①中。

③ 加入黑椒粉、鱼仔干搓成粉团。

④ 再将粉团放在牛油纸上，用擀面杖碾成0.5厘米厚，放入冰箱冷冻，30分钟后取出。

⑤ 用模具挤出形状，放在已垫牛油纸的焗盘上，用170℃焗烤15~20分钟。

椰子香草曲奇

Cookies with Coconut and flerbs

创意物语 香草是潮流点心和甜品的提味材料，要追上潮流，混一点在曲奇内，效果不错。

材料
Ingredients

牛油60克

糖50克

蛋1/2个

低筋面粉100克

椰子粉30克

苏打粉1/4茶匙

香草1茶匙

盐少许

■ 份量：25~30块

SERVING

■ 制作方法 ▶ ▶ ▶

METHOD

① 将牛油放在室温中至软化，与糖打至松软变白，加入蛋液拌匀，再加入香草拌匀。

② 将低筋面粉、椰子粉、苏打粉和盐筛匀，拌入①中，搓成粉团。

③ 放在牛油纸上，用擀面杖碾成0.5厘米厚，放入冰箱冷冻30分钟。

④ 取出后挤出花形，放在已垫牛油纸的焗盘上，用170℃焗烤15～20分钟。

榴莲曲奇

Durian Cookies

COOKIES 调味曲奇

创意物语 很多人都喜欢吃榴莲做的食物，诸如：榴莲布甸、榴莲班干、榴莲慕士……现在不妨试一试榴莲曲奇。

■ 份量：25~30块　　　　**SERVING**

■ 制作方法 ▶ ▶ ▶　　　　**METHOD**

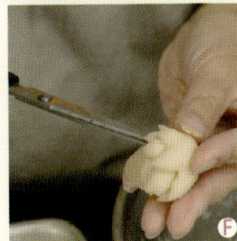

材料 Ingredients

牛油50克

糖40克

蛋1/2个

低筋面粉80克

高筋面粉70克

榴莲干2粒

苏打粉1/4茶匙

蛋液（扫饼面用）适量

① 将牛油放在室温中至软化，与糖打至松软变白，加入蛋液拌匀。

② 将榴莲干磨成粉。

③ 将低筋面粉、高筋面粉、榴莲粉和苏打粉一同筛匀，拌入①中，搓成粉团。

④ 把粉团分成小份，搓成水滴形，用剪刀剪出形状，排放在焗盘上。

⑤ 用160℃焗15分钟，取出后再扫上蛋液，放入焗炉焗烤5分钟。

虾仔曲奇

Small Shrimp Cookies

COOKIES 调味曲奇

创意物语 北海道盛产海鲜，虾干是少不了的加工制品，配上椒丝，味道变得辣辣的、脆脆的，真如吃虾片一样。

材料 Ingredients

牛油80克

糖50克

蛋1/2个

低筋面粉50克

高筋面粉80克

椒丝干5克

虾干20克

苏打粉1/4茶匙

泡打粉1/4茶匙

盐少许

■ 份量：10~12块　　　**SERVING**

■ 制作方法 ▶▶▶　　　**METHOD**

① 将牛油放在室温中至软化，与糖打至松软变白，加入蛋液拌匀。

② 将低筋面粉、高筋面粉、苏打粉、泡打粉和盐筛匀，拌入①中。

③ 再加入椒丝干、虾干搓成粉团。

④ 将粉团放在牛油纸上，用擀面杖碾成0.5厘米厚，放入冰箱冷冻30分钟。

⑤ 取出模具挤出形状，放入已垫牛油纸的焗盘上，用170℃焗烤15~20分钟。

蟹仔曲奇

Small Crab Cookies

COOKIES 调味曲奇

创意物语 小鱼、小虾和小蟹是日本人的零嘴小吃，加入曲奇内，食味浓烈，立体感强，嚼口更佳。

■ 份量：10~15块　　　　　　　　　**SERVING**

■ 制作方法 ▶ ▶ ▶　　　　　　　　**METHOD**

材料 Ingredients

牛油100克

糖50克

蛋1/2个

低筋面粉100克

高筋面粉30克

红椒粒（磨粉）1茶匙

蟹仔干20克

苏打粉1/4茶匙

泡打粉1/4茶匙

盐少许

① 将牛油放在室温中至软化，与糖打至松软变白，加入蛋液拌匀。

② 将低筋面粉、高筋面粉、苏打粉、泡打粉和盐筛匀，拌入①中。

③ 加入红椒粉搓成粉团。

④ 将粉团分成每个重10克的小粉团，用手在中央轻压，沾上蟹仔干，排放在已垫牛油纸的焗盘上。

⑤ 把焗盘放入焗炉，用170℃焗烤15～20分钟。

馅饼 曲奇
Cookies with Filling

味道浓厚，质感柔软的馅料，配上一咬便碎的曲奇或是颇有质感的脆饼，矛盾的组合，却是绝妙的搭配，你能抵挡得过它的魅力吗？

COOKIES 馅饼曲奇

创意物语 如果想在面糊内加入蓝莓酱，只能快速轻搅数下，不然面糊便会变成暗蓝色。

■ 份量：30~35块　　　　　　　**SERVING**

■ 制作方法 ▶ ▶ ▶　　　　　　**METHOD**

材料
Ingredients

牛油110克

糖55克

蛋1/2个

低筋面粉150克

奶粉10克

蓝莓果酱（放饼面）适量

① 将牛油放在室温中至软化，与糖打至松软变白，加入蛋拌匀。

② 将低筋面粉、奶粉筛匀，拌入①中，搓成粉团。

③ 把粉团放入挤花袋或挤曲奇枪内，在已垫牛油纸的焗盘上挤出饼形，并在中央放上蓝莓果酱。

④ 把焗盘放入焗炉，用170℃焗烤15~20分钟。

蓝莓小曲奇
Blueberry Min-cookies

黑加仑夹心曲奇

Cookies with Blackcurrant Filling

COOKIES 馅饼曲奇

材料 Ingredients

牛油70克

糖粉55克

蛋1/2个

低筋面粉70克

高筋面粉55克

泡打粉1/8茶匙

苏打粉1/8茶匙

黑加仑酱30克

■ 份量：8~10块

■ 制作方法 ▶ ▶ ▶

SERVING METHOD

① 将牛油放在室温中至软化，与糖粉打至松软变白，加入蛋液拌匀。

② 将低筋面粉、高筋面粉、泡打粉和苏打粉筛匀，拌入①中，搓成粉团。

③ 将粉团放在牛油纸上，用擀面杖碾成0.3厘米厚，放入冰箱冷冻30分钟。

④ 用模具挤出心形，一半在中央再挤出星形，在没有星形的饼面上涂上黑加仑酱。

⑤ 饼放在已垫牛油纸的焗盘上，用170℃焗烤15~20分钟。

⑥ 出炉后，将有星形的饼覆在有馅料的饼面上。

巧克力心意曲奇

Chocolate Cookies

COOKIES
馅饼曲奇

创意物语 在曲奇饼上写上自己的心意，感受真的非同一般。

材料
Ingredients

牛油90克

糖粉100克

蛋1个

低筋面粉160克

高筋面粉40克

可可粉10克

■ 份量：20~25块　　　　　　**SERVING**

■ 制作方法 ▶ ▶ ▶　　　　　　**METHOD**

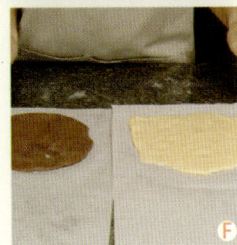

① 将牛油放在室温中至软化，与糖粉打至
　松发变白，加入蛋液拌匀。

② 将低筋面粉、高筋面粉拌入①中，搓成
　粉团。

③ 粉团分成两份，其中一份加入可可粉拌
　匀。

④ 将两份粉团分别碾成0.5厘米厚的长方
　形。放入冰箱冷冻30分钟。

⑤ 取出，将巧克力粉团压出正方形，在中
　央压出心形空洞。

⑥ 然后再在原味粉团上，压出心形放在正
　方形上。

⑦ 用170℃焗烤15～20分钟。

红豆曲奇
Red Bean Cookies

创意物语 做夹心馅料时，可随个人喜爱而增减。

材料
Ingredients

牛油60克

糖20克

蛋黄1/2个

红豆蓉30克

低筋面粉60克

高筋面粉60克

泡打粉1/4茶匙

馅料

红豆蓉适量

■ 份量：10～15块

■ 制作方法 ▶ ▶ ▶

SERVING

METHOD

① 将牛油放在室温中至软化，与糖打至松软发白，加入蛋黄液拌匀，再拌入红豆蓉拌匀。

② 将低筋面粉、高筋面粉、泡打粉筛匀，拌入①中，搓成粉团。

③ 将粉团放在牛油纸上，用擀面杖碾成0.3厘米厚，放入冰箱冷冻30分钟至硬身。

④ 将粉团用模具制成所需形状，放在已垫牛油纸的焗盘上，用170℃焗烤15～20分钟。

⑤ 待凉后，在两片饼干中间夹入红豆蓉即可。

香橙曲奇

Orange Cookies

COOKIES
馅饼曲奇

创意物语 做香橙奶油馅时，可随意加入橙皮来增强香味，还可加入少许橙汁，引发饼中的香气，令橙味更突出。

■ 份量：8~10块　　　　　　　SERVING

■ 制作方法 ▶ ▶ ▶　　　　　　METHOD

材料
Ingredients

牛油100克

糖80克

蛋1/2个

低筋面粉150克

泡打粉1/4茶匙

橙皮1/2个

香橙奶油馅

牛油20克

糖粉75克

橙汁1/2汤匙

橙皮1/2个

① 将牛油放在室温中至软化，与糖打至松发变白，加入蛋液拌匀。

② 将低筋面粉和泡打粉筛匀，拌入①中，再加入橙皮，搓成粉团。

③ 再将粉团放在牛油纸上，用擀面杖碾成0.3厘米厚，放入冰箱冷冻30分钟。

④ 取出粉团，用圆形模具压出圆片，放在已垫不粘布的焗盘上。

⑤ 把焗盘放入焗炉内，用170℃焗烤15~20分钟，取出摊凉。

⑥ 香橙奶油馅：牛油放在室温中至软化，与糖粉拌匀，加入橙汁和橙皮拌匀即可。

⑦ 把适量香橙奶油馅放在一块饼干上，再覆上另一块饼干即可。

香蕉曲奇

Banana Cookies

创意物语 挑选熟透的香蕉来做曲奇，味道会特别甜。

材料
Ingredients

牛油80克

糖40克

蛋黄1个

熟香蕉1/2支

罂粟子2茶匙

全麦粉30克

低筋面粉80克

苏打粉1/4茶匙

巧克力50克

■ 份量: 10~15块

SERVING

■ 制作方法 ▶ ▶ ▶

METHOD

① 将牛油放在室温中至软化，与糖打至松
　软变白，加入蛋黄液拌匀。

② 将已熟的香蕉压成泥，加入①中，再加
　入罂粟子拌匀。

③ 把全麦粉、低筋面粉和苏打粉筛匀，拌
　入②中，搓成粉团。

④ 将粉团放入挤花袋或挤曲奇枪内，在 垫
　牛油纸的焗盘上挤出喜欢的形状。

⑤ 把焗盘放在焗炉上，用160℃焗烤15～20
　分钟。

⑥ 曲奇放凉后，可沾上巧克力熔液。

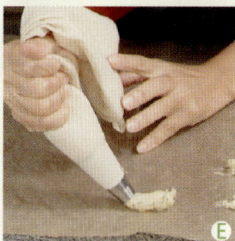

栗子曲奇

Chestnut Cookies

COOKIES 馅饼曲奇

创意物语 外表松脆，中间包着软绵绵的罐装栗子蓉，吃时会有意想不到的感觉。

材料 Ingredients

牛油70克

糖50克

蛋黄1/2个

栗子蓉40克

低筋面粉70克

高筋面粉50克

奶粉1汤匙

苏打粉1/4茶匙

馅料

栗子蓉60克

■ 份量：15~20块

SERVING

■ 制作方法 ▶ ▶ ▶

METHOD

① 将牛油放在室温中至软化，与糖打至松软变白，加入蛋黄液拌匀。

② 将低筋面粉、高筋面粉、奶粉和苏打粉一同筛匀，拌入①中，再加入栗子蓉搓成粉团。

③ 粉团分成每个重15克的小团，栗子蓉则每个分成重4克的小粉团，用手搓成圆形。

④ 将小粉团包上栗子蓉，收口放在已垫牛油纸的焗盘上，用160℃焗烤15～20分钟。

北海道白曲奇

Hokkaido White Chocolate Cookies

COOKIES 馅饼曲奇

创意物语 该道曲奇用了猫舌饼的配方，并加入白巧克力来增加食味，味道比较甜，而且容易回潮变湿。

■ 份量：10~15块

SERVING

■ 制作方法 ▶ ▶ ▶

METHOD

材料 Ingredients

饼底

牛油55克

乳化剂5克

糖55克

低筋面粉55克

蛋清30克

白巧克力馅

白巧克力100克

淡奶油25克

① 将牛油放在室温中至软化，与乳化剂和40克糖打至松软变白。

② 蛋清打起，再加入余下的糖打至成干性发泡。

③ 将低筋面粉筛匀，拌入①中，蛋清分次加入①中 拌匀。

④ 用抹刀将面糊抹在不粘布上，用160℃焗10~15分钟。

⑤ 白巧克力馅：白巧克力与淡奶油隔水煮溶，放至室温待凉约2小时。

⑥ 把白巧克力馅挤在已凉冻的饼底中。

海苔圈心曲奇
Seaweed Round Cookies

COOKIES 馅饼曲奇

创意物语 粉团碾成薄皮状，并与紫菜长度相差约6厘米（粉皮比紫菜长）。当卷起时，紫菜就不会露出来，接口也较容易连接。

■ 份量：25~30块   **SERVING**

■ 制作方法 ▶ ▶ ▶   **METHOD**

材料 Ingredients

牛油80克

糖粉50克

蛋1/2个

低筋面粉150克

紫菜1片

海苔粉1茶匙

蛋清少许

① 将牛油放在室温中至软化，与糖粉打至松软变白，分次加入蛋清液拌匀。

② 将低筋面粉、海苔粉筛匀，拌入①中，搓成粉团。

③ 将粉团放在牛油纸上，薄薄地扫上蛋清，再放上一片紫菜，卷起。

④ 放入冰箱冷冻2小时，取出切成0.5厘米厚片，放在已垫牛油纸的焗盘上。

⑤ 把焗盘放入焗炉，用170℃焗烤10~15分钟。

经典 曲奇
Classical Cookies

一块质感甘香酥脆的曲奇，传统的口味，朴素的饼身，简易的制作技巧，永远都有它的捧场客，历久弥新。

创意物语 一粒粒的芝麻小曲奇既可口又健康，一口一个回味无穷！

■ 份量：40~50块

SERVING

■ 制作方法 ▶ ▶ ▶

METHOD

材料
Ingredients

牛油50克

糖粉30克

蛋黄1/2个

低筋面粉80克

黑芝麻粉30克

① 将牛油放在室温中至软化，与糖粉打至松软变白，分次加入蛋黄拌匀。

② 将低筋面粉和黑芝麻粉筛匀，拌入①中，搓成粉团。

③ 将粉团分成小团，捏出喜欢的形状，放入已垫牛油纸的焗盘上。

④ 把焗盘放入焗炉，用170℃焗烤15~20分钟，取出，待凉。

芝麻曲奇
Sesame Cookies

巧克力腰果曲奇

Chocolate and Cashew Cookies

COOKIES 经典曲奇

创意物语 腰果要预先用150℃的火力烤10~15分钟，再混入曲奇内，味道会更香更美味。

材料 Ingredients

牛油100克

糖粉45克

蛋清10克

低筋面粉120克

可可粉10克

苏打粉1/4茶匙

腰果碎60克

原粒腰果30粒

巧克力熔液（饰面）30克

■ 份量：30~35块　　**SERVING**

■ 制作方法 ▶ ▶ ▶　　**METHOD**

① 将牛油放在室温中至软化，与糖粉打至松软变白，加入蛋清拌匀。

② 将低筋面粉、可可粉和苏打粉一同筛匀，拌入①中，搓成粉团，加入已焗香的腰果碎拌匀。

③ 把粉团分成每个重20克的小粉团，用手搓圆，排放在已垫牛油纸的焗盘上。

④ 曲奇的中央放上整粒腰果，放入焗炉用170℃焗烤15~20分钟。

⑤ 取出曲奇，待凉后把巧克力熔液挤在饼面装饰即可。

杂果牛油曲奇圈

Whirlpool Cookies with Mixed Kernel

COOKIES
经典曲奇

创意物语　用大号挤嘴来挤出较大的饼形，方便置放上不同种类的果仁，令外形更美观。

材料
Ingredients

牛油70克

糖粉55克

蛋1/2个

低筋面粉70克

高筋面粉55克

苏打粉1/8茶匙

泡打粉1/8茶匙

核桃仁15粒

南瓜子30粒

腰果15粒

蛋液（扫饼面用）适量

■ 份量：20~25块　　　　　　　　SERVING

■ 制作方法 ▶ ▶ ▶　　　　　　　　METHOD

① 将牛油放在室温中至软化，与糖粉打至松发变白，加入蛋液拌匀。

② 将低筋面粉、高筋面粉、苏打粉、泡打粉一同筛匀，拌入①中，搓成粉团。

③ 放入挤花袋内，用花嘴挤出圈圈形粉团，然后放上核桃仁、南瓜子和腰果。

④ 用160℃焗烤20分钟，取出，扫上蛋液。再入焗炉3分钟即可。

传统果仁曲奇

Traditional Nuts Cookies

COOKIES
经典曲奇

创意物语 一种食物能经历百年，仍能受到人们的喜爱，必定是很好的食物。

材料
Ingredients

牛油70克

糖粉40克

蛋黄1个

低筋面粉140克

杏仁粉40克

盐少许

杂果仁30克

■ 份量：25~30块

SERVING

■ 制作方法 ▶ ▶ ▶

METHOD

① 将牛油放在室温中至软化，与糖粉打至松软发白，分次加入蛋黄液拌匀。

② 将低筋面粉和杏仁粉筛匀，拌入①中，搓成粉团。

③ 将粉团分成每个重15克的小粉团，用手搓成圆形，放上果仁，排放在已垫牛油纸的焗盘上。

④ 把焗盘放入焗炉，用170℃焗烤15~20分钟。

巧克力小曲奇

Chocolate Mini-cookies

创意物语 一个纯味巧克力曲奇用挤花嘴造型，再在中央处加上少许白巧克力，就变成色、香、味俱全的小点心。

■ 份量：30~35块

SERVING

■ 制作方法 ▶ ▶ ▶

METHOD

材料
Ingredients

牛油110克

糖55克

蛋1/2个

低筋面粉140克

可可粉10克

奶粉10克

白巧克力（装饰用）30克

① 将牛油放在室温中至软化，与糖打至松软发白，加入蛋液拌匀。

② 将低筋面粉、可可粉和奶粉筛匀，拌入①中，搓成粉团。

③ 放入挤花袋或挤曲奇枪内挤出饼形于已垫牛油纸的焗盘上，放入焗炉内用170℃焗烤15~20分钟。

④ 把白巧克力隔水熔化，将白巧克力熔液挤在已凉的饼面上作装饰即可。

巧克力杏仁碎曲奇

Cookies With Chocolate and Sliced Almond

COOKIES 经典曲奇

创意物语　杏仁切片曲奇已走过许多寒暑，仍然屹立不倒，细水长流，自然因为它又香又脆，好吃到停不了！

材料 Ingredients

牛油130克

糖粉90克

蛋1个

低筋面粉200克

奶粉1汤匙

可可粉15克

泡打粉1/2茶匙

杏仁片90克

盐少许

■ 份量：40~45块　　　　　　SERVING

■ 制作方法 ▶ ▶ ▶　　　　　　METHOD

① 将牛油放在室温中至软化，与糖打至松软变白，加入蛋液拌匀。

② 将低筋面粉、奶粉、可可粉、泡打粉和盐筛匀，拌入①中，加入已焗香的杏仁片，搓成粉团。

③ 将巧克力粉团放在牛油纸上卷成圆柱体。

④ 放入冰箱冷冻2小时，取出切成0.5厘米厚片，放入已垫牛油纸的焗盘上。

⑤ 把焗盘入焗炉，用170℃焗烤15~20分钟。

巧克力杏仁圈曲奇

Round Cookies in Chocolate and Almond Flavor

创意物语 巧克力粉团用手搓圆，再用挖球器捶出凹位，入炉烘烤。待曲奇出炉后，再倒入巧克力熔液。

■ 份量：20~25块　　SERVING

材料
Ingredients

牛油90克

糖粉80克

蛋黄1个

低筋面粉130克

可可粉10克

苏打粉1/4茶匙

泡打粉1/4茶匙

杏仁碎70克

巧克力熔液（装饰用）50克

■ 制作方法 ▶ ▶ ▶　　METHOD

① 将牛油放在室温中至软化，与糖粉打至松软变白，加入蛋黄液拌匀。

② 将低筋面粉、可可粉、苏打粉和泡打粉一同筛匀，拌入①中，搓成粉团。

③ 将粉团分成每个重20克的小粉团，用手搓圆后沾上杏仁碎，在中央轻压，排放在焗盘上。

④ 把焗盘放入焗炉，用170℃焗烤15～20分钟。

⑤ 取出，待凉后，把巧克力熔液挤在饼中央即可。

创意物语 先把咖啡粉用少许热水调溶，待凉后才可使用。

■ 份量：20~25块　　　　　　　　　**SERVING**

■ 制作方法 ▶ ▶ ▶　　　　　　　　**METHOD**

材料
Ingredients

牛油75克

糖70克

蛋1/2个

低筋面粉150克

苏打粉1/4茶匙

盐少许

咖啡粉1茶匙

热水1茶匙

白巧克力熔液少许

① 将咖啡粉用热水化开，备用。

② 将牛油放在室温中至软化，与糖打至松软变白，加入蛋液拌匀，再加入咖啡溶液搅匀。

③ 将低筋面粉、苏打粉和盐筛匀，拌入②中，搓成粉团。

④ 将粉团放在牛油纸上，用擀面杖碾成0.5厘米厚，放入冰箱冷冻30分钟。

⑤ 取出饼皮，制出花形，放入已垫牛油纸的焗盘上，再放入焗炉内以170℃焗烤15~20分钟。

⑥ 最后在饼干上点缀些白巧克力即可。

芝麻薄片曲奇

Flaky Cookies With Sesame

COOKIES
经典曲奇

创意物语 芝麻薄片香脆可口，由于主要成分是蛋清，所以比较容易回潮。

材料
Ingredients

牛油20克
糖30克
蛋清25克
低筋面粉30克
芝麻粒90克

■ 份量：25~30块　　　　　SERVING

■ 制作方法 ▶ ▶ ▶　　　　　METHOD

① 用0.5厘米厚的胶片，划出圆形，做成胶模。
② 将牛油放在室温中至软化，与糖打至松软变白，分次加入蛋清
　 拌匀。
③ 将低筋面粉筛匀，拌入②中，再加芝麻粒拌匀。
④ 把不粘布放在焗盘上，再放上圆胶模，用抹刀将面糊抹在布上，
　 取走圆胶模。
⑤ 将焗盘放入焗炉，以180℃焗烤8~10分钟，取出，待凉。

花生曲奇

Peanut Cookies

COOKIES
经典曲奇

创意物语 这款曲奇含油分较多，吃起来比较松脆。不过，有些人会对花生出现过敏反应，故请客人品尝时要特别小心。

材料
Ingredients

牛油50克

糖50克

蛋黄1个

花生酱2汤匙

低筋面粉80克

高筋面粉70克

苏打粉1/4茶匙

花生碎粒30克

■ 份量：20~25块

SERVING

■ 制作方法 ▶ ▶ ▶

METHOD

① 将牛油放在室温中至软化，与糖打至松软变白，加入蛋黄液拌匀，再加入花生酱搅匀。

② 将低筋面粉、高筋面粉和苏打粉一同筛匀，拌入①中，再加入花生碎粒，搓成粉团。

③ 将粉团分成每个重20克的小粉团，用手搓成圆形，放在已垫牛油纸的焗盘上，再在曲奇上放上少许花生碎粒。

④ 把焗盘放入焗炉，用160℃焗烤15~20分钟。

椰子曲奇

Coconut Cookies

COOKIES
经典曲奇

创意物语 椰子给人的感觉是甜腻的，书中食谱已减少糖分，味道适中，不妨一试。

材料
Ingredients

牛油110克

糖90克

蛋1/2个

椰丝30克

低筋面粉125克

盐少许

椰丝10克（饼面）

■ 份量：20~25块 　　　　　　　SERVING

■ 制作方法 ▶ ▶ ▶ 　　　　　　　METHOD

① 将牛油放在室温中至软化，与糖打至松软变白，加入蛋液拌匀。

② 将低筋面粉和盐一同筛匀，拌入①中，再加入椰丝搓成粉团。

③ 把粉团分成每个重20克的小粉团，用手搓圆，再沾上椰丝，排入
　 已垫牛油纸的焗盘中。

④ 将焗盘放入焗炉，用170℃焗烤15～20分钟。

脆脆奶酪条

Crispy Cheese Stick

COOKIES
经典曲奇

创意物语 现成酥皮在各大超市均有出售，只要稍为加工，再加点心思，便能做出美味的甜点。

材料
Ingredients

酥皮100克

奶酪粉30克

蛋液适量

■ 份量：25～30块   SERVING

■ 制作方法 ▶ ▶ ▶   METHOD

① 将酥皮推薄至0.2厘米厚。

② 在酥皮上扫上蛋液，再撒上奶酪粉，并切成1厘米×9厘米的长条。

③ 把两条酥皮条交叉互扭，放在焗盘上。

④ 将焗盘放入焗炉，用170℃焗烤20～25分钟。

柠檬小饼

Cookies in Lemon Flavor

COOKIES
经典曲奇

创意物语 在饼面上加入少许柠檬皮，味道会更浓烈。

材料
Ingredients

牛油70克

糖粉60克

蛋黄1个

低筋面粉120克

蜂蜜2茶匙

柠檬皮少许

柠檬汁1汤匙

■ 份量：10~15块　　　　　SERVING

■ 制作方法 ▶ ▶ ▶　　　　　METHOD

① 将牛油放在室温中至软化，与糖粉拌匀，加入蜂蜜搅匀，再加入蛋黄液拌匀。

② 将低筋面粉筛匀，拌入①中。

③ 加入柠檬汁和柠檬皮，然后搓成粉团。

④ 把粉团分成每个重15克的小粉团，用手搓圆，排放在焗盘上。

⑤ 将焗盘放入焗炉，用170℃焗烤15～20分钟。

菠萝曲奇
Pineapple Cookies

COOKIES
特色曲奇

创意物语 不要选取太甜的菠萝干，避免曲奇饼的食味太甜腻。

■ 份量：20~25块

SERVING

■ 制作方法 ▶ ▶ ▶

METHOD

材料
Ingredients

牛油100克

糖粉80克

蛋黄1个

低筋面粉60克

高筋面粉60克

奶粉1汤匙

泡打粉1/4茶匙

菠萝干70克

蛋液（扫曲奇面）少许

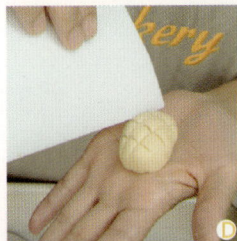

① 将牛油放在室温中至软化，与糖粉打至
   松软变白，加入蛋黄液拌匀。

② 将菠萝干切粒。

③ 将低筋面粉、高筋面粉、奶粉、泡打粉
   一同筛匀，拌入①中，再加入菠萝干，
   搓成粉团。

④ 把粉团分成每个重20克的小粉团，用手
   搓成蛋形，划上纹路，在顶部放上菠萝
   丝；排放在焗盘上。

⑤ 把焗盘放入焗炉，用160℃焗烤12分钟，
   取出扫上蛋液，回炉再焗5分钟，取出，
   待凉后即成。

伯爵红茶曲奇

Earl Grey Tea Cookies

COOKIES 特色曲奇

创意物语 无论是中式甜点还是西式甜点，都爱使用茶叶来搭配，曲奇当然也可加上此元素来增加食味，既健康又流行。

材料 Ingredients

牛油80克

糖粉55克

蛋黄1/2个

低筋面粉110克

杏仁粉30克

伯爵红茶叶2克

淡奶油20克

巧克力熔液（装饰用）30克

■ 份量：30~35块　　　　**SERVING**

■ 制作方法 ▶ ▶ ▶　　　　**METHOD**

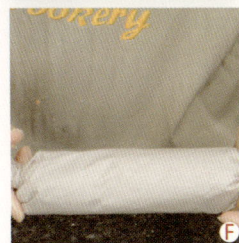

① 将牛油放在室温中至软化，与糖粉打至松软变白，加入蛋黄液拌匀。

② 将伯爵红茶叶与淡奶油隔水煮热，再加盖焗烤10分钟。

③ 把低筋面粉和杏仁粉筛匀，拌入①中，加入已焗好的茶叶搓成粉团，再将粉团用牛油纸卷成圆柱体，放入冰箱冷冻2小时。

④ 取出，切成0.5厘米厚片，放在已垫牛油纸的焗盘上，放入焗炉内用170℃焗15~20分钟。

⑤ 待曲奇放凉后，将饼边沾上巧克力熔液。

芒果南瓜子曲奇

Mango and Pumpkin Seed Cookies

创意物语 芒果与南瓜子是绝配，味道香香甜甜，再用南瓜子配成一朵小花，色香味俱全。

材料
Ingredients

牛油100克

糖粉80克

蛋黄1个

低筋面粉60克

高筋面粉80克

苏打粉1/4茶匙

芒果干70克

南瓜子30克

蛋液（扫面）少许

■ 份量：20~25块 　　　　　SERVING

■ 制作方法 ▶ ▶ ▶ 　　　　METHOD

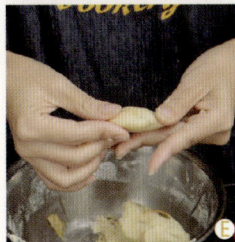

① 将牛油放在室温中至软化，与糖粉打至松软变白，加入蛋黄液拌匀。

② 芒果干切丝。

③ 把低筋面粉、高筋面粉和苏打粉一同筛匀，拌入①中，再加入芒果干和南瓜子搓成粉团。

④ 将粉团分成每个重20克的小粉团，用手搓成圆形，在饼面上扫少许蛋液，放上南瓜子装饰，排放在已垫牛油纸的焗盘上。

⑤ 把焗盘放入焗炉，用160℃焗烤15~20分钟。

豆腐海苔曲奇

Bean Curd and Seaweed Cookies

创意物语 利用日本豆腐干磨成粉，再加上海苔粉，和风味十足。

材料
Ingredients

牛油70克

黄糖40克

蛋清1个

低筋面粉120克

日本豆腐干3粒

海苔粉适量

■ 份量：25~30块

SERVING

■ 制作方法 ▶ ▶ ▶

METHOD

① 将牛油放在室温中至软化，与黄糖拌匀，再加入蛋清液拌匀。

② 日本豆腐干磨成粉与低筋面粉一同筛匀，拌入①中，搓成粉团。

③ 将粉团分成每个重20克的小粉团，用手搓圆，排放在已垫牛油纸的焗盘上，撒上海苔粉。

④ 把焗盘放入焗炉，用170℃焗烤15~20分钟。

玫瑰草莓曲奇

Cookies in Rose and Strawberry Flavor

创意物语 干玫瑰花瓣先用少许热水浸软，再加入草莓酱，效果更佳。

材料
Ingredients

牛油80克

糖粉50克

蛋1/2个

低筋面粉130克

干玫瑰花瓣1汤匙

草莓酱1茶匙

■ 份量：15~20块   **SERVING**

■ 制作方法 ▶ ▶ ▶   **METHOD**

① 将玫瑰花瓣用热水浸10分钟，沥干水分备用。

② 将牛油放在室温中至软化，与糖粉打至松软变白，分次加入蛋液拌匀。

③ 将草莓酱和干玫瑰花瓣搅匀。

④ 低筋面粉筛匀，拌入③中，搓成粉团。

⑤ 将粉团分成每个重20克的小粉团，用手搓成圆形，排放在已垫牛油纸的焗盘上并在饼面上放上玫瑰花瓣。

⑥ 把焗盘放入焗炉，用160℃焗烤15~20分钟。

奶酪曲奇
Cheese Cookies

创意物语 奶酪粉具有特殊香味，加入曲奇，可增加其香味。不过，这次利用了奶油奶酪和蒙莎玛娜奶酪，双重芝士，双重味道，不妨一试。

材料
Ingredients

牛油70克

糖30克

蛋黄1个

奶油奶酪90克

低筋面粉120克

蒙莎玛娜奶酪30克

■ 份量：30~35块　　　　　　　　　SERVING

■ 制作方法 ▶ ▶ ▶　　　　　　　　METHOD

① 将奶油奶酪和牛油放在室温中至软化。

② 将奶油奶酪与糖打匀，再加入牛油搅拌混和，加入蛋黄液拌匀。

③ 将低筋面粉过筛，拌入②中，搅匀搓成粉团，放在保鲜纸上，用擀面杖碾成0.3厘米厚，放入冰箱冷冻20分钟。

④ 取出饼皮，扫上蛋液撒上蒙莎玛娜奶酪，将擀面杖放在面上滚动使之嵌入饼皮内。

⑤ 饼皮再放入冰箱冷冻10分钟，取出，制出喜欢的形状，放在已垫牛油纸的焗盘上。

⑥ 把焗盘放入焗炉，用160℃焗烤15～20分钟。

柚子曲奇

Critron Cookies

COOKIES
特色曲奇

创意物语 用柚子茶做曲奇，不但味道香甜，还有一种独特的味道。

材料
Ingredients

牛油50克

糖10克

蛋黄1个

柚子蜜2汤匙

低筋面粉80克

高筋面粉70克

苏打粉1/4茶匙

南瓜子少许

■ 份量：10~15块

SERVING

■ 制作方法 ▶ ▶ ▶

METHOD

① 将牛油放在室温中至软化，与糖打至松软变白，加入蛋黄液拌匀，再加入柚子蜜搅匀。

② 将低筋面粉、高筋面粉和苏打粉一同筛匀，拌入①中，搓成粉团。

③ 把粉团放在牛油纸上，用擀面杖碾成0.5厘米厚，放入冰箱冷冻30分钟。

④ 将饼皮取出，压出花形，放入已垫牛油纸的焗盘上，压上一些南瓜子放入焗炉，用170℃焗烤15~20分钟。

秋叶曲奇
Autumn Leaves' Cookies

COOKIES 特色曲奇

创意物语 用蛋清做的曲奇，入口即化，配上特别造型就更有趣了。

材料 Ingredients

牛油60克

糖粉60克

蛋清60克

低筋面粉60克

可可粉10克

■ 份量：10~15块　　　　　　　　　SERVING

■ 制作方法 ▶▶▶　　　　　　　　　METHOD

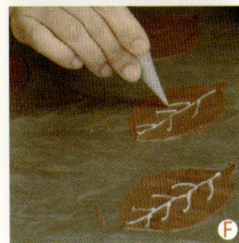

① 用0.5厘米厚的胶片划出叶形。

② 将牛油放在室温中至软化，与糖粉打至松软变白，分次加入蛋清拌匀。

③ 将低筋面粉筛匀，拌入②中。

④ 将粉团分成两份，其中一份加入可可粉拌匀。

⑤ 把不粘布放在焗盘上，再放入叶形胶模，用抹刀将白色面糊抹在不粘布上，再用巧克力面糊挤出叶脉，同法做另一半。

⑥ 把焗盘放入焗炉，用200℃焗烤 5~7分钟，取出，放在擀面杖上待凉即可。

胡萝卜曲奇
Carrot Cookies

创意物语 胡萝卜要刨成细丝，也要把粉糊推碾成薄片，这样焗出来的曲奇才会松脆。

材料
Ingredients

牛油50克

糖粉50克

蛋黄1/2个

低筋面粉40克

高筋面粉110克

奶粉20克

苏打粉1/4茶匙

胡萝卜70克

■ 份量：20~25块

SERVING

■ 制作方法 ▶ ▶ ▶

METHOD

① 将牛油放在室温中至软化，与糖粉打至松软变白，分次加入蛋黄液拌匀。

② 胡萝卜刨丝。

③ 将低筋面粉、高筋面粉、奶粉和苏打粉一同筛匀，拌入①中，再加入胡萝卜丝，搓成粉团。

④ 放在工作台上用擀面杖推碾成0.2厘米的厚度，压出形状，再用叉子刺小孔，排放在焗盘上。

⑤ 把焗盘放入焗炉，用160℃焗烤15分钟。

圣诞曲奇
Christmas Ginger Cookies

创意物语 曲奇出炉后，再将敲碎的糖果填满已造型的空间，回炉烘烤至糖果熔解，原盘放凉。

材料
Ingredients

牛油160克

糖100克

蛋1个

蜜糖60克

低筋面粉330克

姜粉2茶匙

肉桂粉1茶匙

糖果适量

■ 份量：18~20块

■ 制作方法 ▶ ▶ ▶

SERVING

METHOD

① 将牛油放在室温中至软化，与糖粉打至松发变白，加入蛋液拌匀，再加入蜜糖充分搅匀。

② 将低筋面粉、姜粉和肉桂粉筛匀，拌入①中，搅匀搓成粉团。

③ 放在牛油纸上，用擀面杖碾成0.3厘米厚，放入冰箱冷冻30分钟。

④ 饼皮取出，压出喜欢的形状，并在中央挖出可填糖果的造型空间，放入已垫不粘布的焗盘上。

⑤ 把焗盘放入焗炉，用170℃焗烤10~15分钟。

⑥ 从焗炉取出曲奇，并在造型空间填入糖果碎，回置焗炉，待糖果熔解后，连同焗盘一起放凉。

无花果曲奇

Cookies with Dried Figs and Dried Medlar

COOKIES
特色曲奇

创意物语 枸杞子是现代人的养生食材，在曲奇饼上加点枸杞子，也是一个不错的选择。

材料
Ingredients

牛油60克

糖45克

蛋1/2个

低筋面粉90克

高筋面粉20克

苏打粉1/8克

无花果干2个

枸杞子15克

■ 份量：25~30块　　　　　　　　　　**SERVING**

■ 制作方法 ▶ ▶ ▶　　　　　　　　　　**METHOD**

① 将牛油放在室温中至软化，与糖粉打至松软变白，加入蛋液拌匀。

② 将低筋面粉、高筋面粉、苏打粉筛匀，拌入①中。

③ 加入切碎的无花果干和枸杞子，搓成粉团。

④ 把粉团分成每个重15克的小粉团，用手搓成圆形，放在焗盘上。

⑤ 将焗盘放入焗炉，用160℃焗烤15～20分钟。

绿茶曲奇

Green Tea Cookies

创意物语 绿茶是一种十分受欢迎的日常饮品，制作曲奇时，不妨也加入一些绿茶。

材料
Ingredients

牛油100克

糖粉55克

蛋1/2个

低筋面粉70克

高筋面粉80克

泡打粉1/8克

苏打粉1/8克

奶粉2汤匙

绿茶粉8克

■ 份量：20～25块

SERVING

■ 制作方法 ▶▶▶

METHOD

① 将牛油放在室温中至软化，与糖粉打至松软变白，加入蛋液拌匀。

② 将低筋面粉、高筋面粉、泡打粉、苏打粉、奶粉和绿茶粉一同筛匀，拌入①中，搓成粉团。

③ 将粉团放在牛油纸上，用擀面杖碾成0.5厘米厚，放入冰箱冷冻30分钟。

④ 取出饼皮，用模具压出形状，放在已垫牛油纸的焗盘上，用170℃焗烤15～20分钟。

图书在版编目（CIP）数据

爱上曲奇/方芍尧编著.—沈阳：辽宁科学技术出版社，2008.10
ISBN 978-7-5381-5572-3

I.爱… II.方… III.饼干—制作 IV.TS213.2

中国版本图书馆CIP数据核字（2008）第138888号

出版发行：辽宁科学技术出版社
　　　　　（地址：沈阳市和平区十一纬路29号 邮编：110003）
印 刷 者：沈阳天择彩色广告印刷有限公司
经 销 者：各地新华书店
幅面尺寸：168mm×236mm
印　　张：7.5
字　　数：150千字
印　　数：1～4000
出版时间：2008年 10 月第 1 版
印刷时间：2008年 10 月第 1 次印刷
责任编辑：风之舞
封面设计：熙云谷设计机构
版式设计：高 峰 刘双秋
责任校对：李淑敏

书　　号：ISBN 978-7-5381-5572-3
定　　价：32.00元

联系电话：024-23284360
邮购热线：024-23284502
E-mail：lkzzb@mail.lnpgc.com.cn
http://www.lnkj.com.cn